JC総研ブックレット No.17

ヨーロッパの先進農業経営

経営・環境・エネルギーの持続性に挑む

和泉 真理◇著
村田 武

巻頭言　ＥＵの企業的経営も経営多角化路線

九州大学名誉教授　村田　武

図　生乳の取引価格の推移

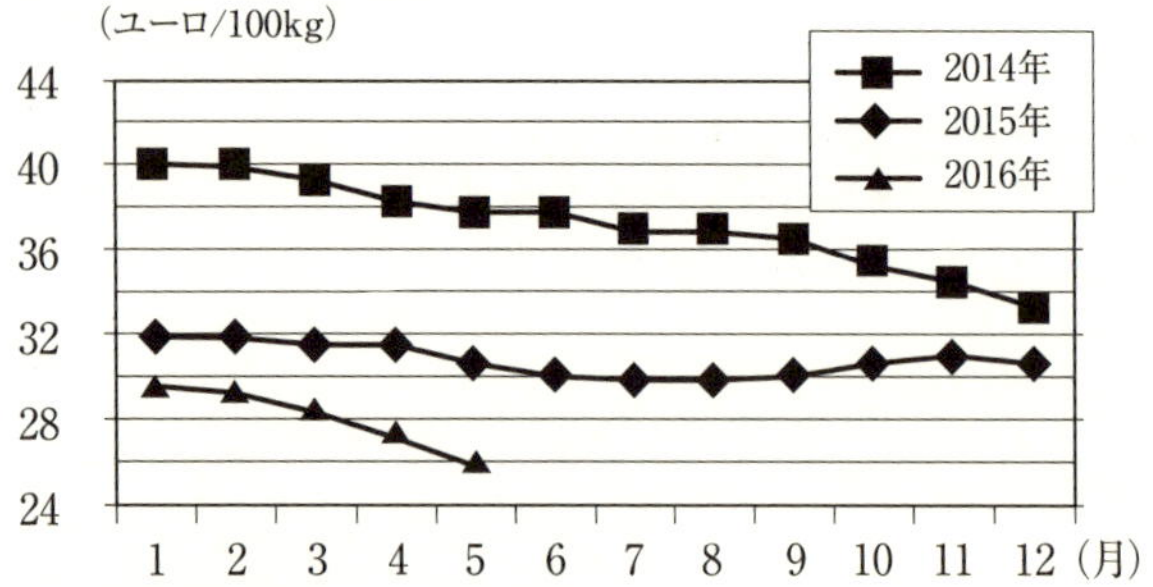

資料：欧州委員会。
注：直近月は速報値。
出所：（独）農畜産業振興機構『畜産の情報』2016年８月。

　ＥＵ農業が揺れている。家族農業経営の基幹部門である酪農において、１９８４年以来、酪農経営すべての生乳出荷量に上限を設定して、すなわち供給管理で生乳価格維持を図ってきたミルク・クオータ制が昨２０１５年４月１日に廃止された。ウクライナ問題でのＥＵのロシアへの経済制裁に対抗してロシアは２０１４年8月以来、チーズなどＥＵ農産物の輸入禁止を続けている。この間輸入を拡大してきた中国の脱脂粉乳輸入量も伸びを失った。加えて、英国が6月の国民投票でＥＵ離脱（Brexit）を決めた。英国はＥＵ域内諸国から多くの農産物を輸入しており、とくにチーズは英国国内消費量の60％を輸入している。ロシアは輸入禁止措置以前にはＥＵにとって域外への最大のチーズ輸出先であったのだが、英国はその２倍相当をＥＵ域内から調達している。英国のＥＵ離脱により輸入関税が課されると、ＥＵから英国へのチーズ輸出は確実に打撃をこうむる可能性がある（(独)農畜産業振興機構ホームページ「英国のＥＵ離脱による農畜産物への影響」国際調査グループ２０１６年6月3日発表）。

このようなＥＵ酪農をめぐる情勢は、図にみられるように、確実に生乳価格の下落につながっている。欧州委員会によると、２０１６年5月のＥＵ28か国平均生乳取引価格は、前年同月比１４・９％安の１００kg２６・１５ユーロ（１kg当たり30・33円、１ユーロ＝１１６円）にまで続落した。21カ月連続で前年同月を下回り、ＥＵの酪農危機といわれた２００９年10月以来、６年半ぶりに26ユーロ台にまで落ち込んだのである（同じく(独)農畜産業振興機構「生乳生産は堅調、乳価は続落」調査情報部・大内田一弘、２０１６年８月）

このような生乳価格の下落のもとで、著者が取り上げている英国でもまたドイツでも家族農業経営の動揺がはげしい。表は近年のドイツの農業経営構造をみたものである。２００７年から12年のわずか5年間で、経営規模50ha未満層は10％を超える減少となり、経営増減分岐点も１００haになった。バイエルン州やバーデン・ヴュルテンベルク州など酪農地帯では中小酪農経営の離農が顕著である。そして、酪農経営はバイオガス発電に代表される再生可能エネルギー生産による経営多角化と農家所得複合化で危険回避能力を高めようとしてきた。

表　ドイツの最近の農業経営構造の変化

（単位：1,000）

	2007年	2012年	変化％
5 ha未満	33.0	25.5	−23
5 ～10	52.7	44.2	−16
10～20	67.8	60.5	−11
20～50	82.8	73.1	−12
50～100	53.4	50.4	−6
100～200	21.8	23.2	6
200～500	6.6	7.7	17
500～1,000	1.9	2.2	16
1,000ha以上	1.5	1.5	0
合　計	321.6	288.2	−10

出所：DBV, Situationsbericht 2014.

「2012年バイエルン州農業報告」によれば、経営規模5ha以上の約9万7900経営のうち3万4400経営が、少なくともひとつの農外所得源をもっている。そして、農外所得源としてきわだっているのが林業（39・9％の経営）と再生可能エネルギー（同39・6％）である。林業が高い割合になっているのは、素材生産に加えて地域暖房用バイオマス（木材チップ）生産が近年急増していることによるものであろう。再生可能エネルギーのなかには風力発電、太陽光発電、バイオガス発電施設をもつ経営に加えて、バイオガス発電施設への家畜糞尿やサイレージ用トウモロコシなどエネルギー作物の販売がある農家も含まれている。他経営で雇われる農業労働（同22・2％）、グリーンツーリズム民宿（同10・1％）、農外就業（9・9％）、木材加工（9・0％）、農産物加工直売（8・2％）、スポーツ・趣味用馬飼育（6・5％）、養魚（1・6％）、工芸手工業（0・3％）、その他（9・3％）などと比べて、エネルギー生産が農外所得源のトップクラスに浮上したことをみてとれる。私は、現代の英国やドイツの家族農業経営が、農業機械化以前の家族労働力が投下資本に対して圧倒的重要性をもつ「労働型家族経営」から、投下資本が著しく重要性を高めた「資本型家族経営」に成長しているとして、経営規模では経営増減分岐点100haを凌駕しながらも、雇用労働力を1～2人に限定する資本型家族農業経営が有機農業やバイオガス発電による経営多角化に生き残りをかける経営戦略を採用していることに注目してきた（拙著『現代ドイツの家族農業経営』筑波書房、2016年を参照されたい）。

そこで本ブックレットで著者が紹介する経営をみよう。第1章の英国ジョーンズ農場が経営面積320ha、搾乳牛250頭、農場管理に14人雇用、販売額3億4000万円、第2章のドイツ・ドレハー農場が120ha、搾乳牛120頭、雇用は研修生3人のみ、第3章の英国バーチ農場が850ha、搾乳牛300頭・羊400頭、農場マネジャー含めて9人雇用、第4章の英国ジャクソン農場が364ha、農場管理で2人、加工販売で36人雇用の経営である。すなわち、ドイツのドレハー農場が経営増減分岐点100haより少し大きい資本型家族農場であるのに対して、他の3農場はいずれも経営増減分岐点を大きく超える大規模農場であり、家族労働力を大幅に超える雇用労働力をもつ企業的農場である。

そして、オランダの大型温室経営が単一園芸作物の生産に特化しつつ、「規模の経済」を発揮して国際市場での産地間競争に生き残りをかけようとしても、さらに新たな競争に直面せざるをえないといった道ではなく、英国やドイツでは家族農場だけでなく、企業的農場でさえも、「経営・環境・エネルギーの持続性に挑む」経営多角化の道を選択していることを本ブックレットは明らかにした。ここに本書が評価される中心点がある。

日本農業の発展方向を農業構造改革による企業的経営を担い手とする「成熟先進国農業」にあるとして、その代表をオランダの園芸に求める議論がある。著者は、経営ノウハウと資本力をもった農業経営者がめざすべき方向は、知識産業化をめざすオランダ型よりも、英国やドイツの新たな経営多角化によるサステイナビリティの追求にこそ求められるべきだとしている。著者のフットワークの軽さを活かして、事例を英国とドイツだけでなく、フランス、イタリアに広げてほしい。

なお、第2章のドイツのバイオガス発電に関して、ひとつ指摘しておきたい。著者はメタン原料の自給、消化液の経営農地での撒布、つまり自己完結型であるべきだとしている。しかし、畜産農家単独ないし数戸協同パートナーシップ経営こそバイオガス発電の出力アップのためにサイレージ用トウモロコシの過剰作付け問題を引き起こしている。バイエルン州北部にみられる数十戸の農家が参加する有限会社の共同バイオガス発電とその排熱を利用する村単位のエネルギー協同組合による地域暖房の方が、サイレージ用トウモロコシの作付けを抑制と、輪作体系の維持に力を入れていることを紹介しておきたい。

なお、本書をよりよく理解いただくために、以下2つの参考文献を掲げておく。

国連世界食料保障委員会専門家ハイレベル・パネル（家族農業研究会・農林中金総合研究所共訳）『家族農業が世界の未来を拓く』農文協、２０１４年

ヨス・ベイマン他編著（農林中金総合研究所協同組合研究会訳）『ＥＵの農協』農林統計出版、２０１５年

はじめに：ヨーロッパ農業の経営・エネルギー・環境

本書はこのブックレットシリーズでヨーロッパの農業を取り上げる3冊目です。1冊目はヨーロッパの農業協同組合、2冊目では農業の多角化をみた後、この3冊目では先進的な農業経営の取組をとりあげます。

私とヨーロッパ農業とのつながりは、生物多様性や景観などの環境の保全と農業との両立を可能にするための政策や現場の経営への調査から始まっています。第二次世界大戦後、ヨーロッパにおいて、化学肥料や農薬を多用し、大型の農機具などを使う集約的な農業が、生物多様性や景観などの環境に悪影響を及ぼしているとの認識が広まりました。一方、山岳地など農業条件の悪い地域を中心に、これまで農業活動によって維持されてきた生態系や景観が、農業の衰退によって劣化するということも起こりました。これらを是正し環境と農業とを両立させるために、特に1980年代からEUや各加盟国で農業環境支払いなどの政策が導入されています(1)。環境に優しい農業は、生物多様性や景観のためだけではなく、土壌の質の向上や送粉者である昆虫の保全などを通じて農業生産にも貢献します。このようなことを意識して、環境に優しい持続的な農業に取り組み、次世代に良好な自然や農地を引き継いで行こうとする農業者も増えています。

この「持続性」は環境に限ったものではありません。

第二次世界大戦後、ヨーロッパの農業は技術革新と共通農業政策のもと、資材やエネルギー多投する「集約的」

表1　英国、ドイツ、オランダ、日本の主要農業指標（2000年と2010年）

		単位	2000年	2010年	10年間の変化率（%）
英国	農用地面積	1,000ha	15,750	15,686	▲0.4
	農場数	1,000農場	198	187	▲5.8
	農業就業者数	1,000人	515	419	▲18.8
	農場の平均規模	ha	79.50	84.00	5.8
ドイツ	農用地面積	1,000ha	16,945	16,704	▲1.4
	農場数	1,000農場	399	299	▲25.1
	農業就業者数	1,000人	1,018	750	▲26.4
	農場の平均規模	ha	42.40	55.80	31.6
日本	農用地面積	1,000ha	5,258	4,593	▲13.1
	販売農家数	1,000農場	2,337	1,631	▲30.2
	農業就業者数	1,000人	3,891	2,606	▲33.0
	農家の平均規模	ha	1.62	1.96	21.0

出所：英国及びドイツ「Eurostat」日本「農林業センサス」

な農業へと転換していきました。このような状況に対し、イーアン・ボウラは先進国の農業の長期持続性に疑問が付される3つの要因を掲げています[2]。1つ目は、世界的に農業支持政策の保護水準を下げる方向にある中での、農場の経済的持続性の問題です。2つ目は温室や農業機械、さらには流通などのエネルギー依存度の高さの問題です。3つ目は上述の農業の環境への悪影響です。

ＥＵの共通農業政策はこの20年間で様変わりしました。それ以前の高水準での価格保障制度に終止符が打たれ、今やＥＵの農業者は、ＥＵからの直接支払いがあるとはいえども、国際市場価格と直に競争しながら生産物を販売しています。農産物の短期的な価格変動にさらされ、他方肥料などの資材価格は上昇しつつあり、さらには生乳の生産枠の撤廃や、ロシアによるヨーロッパの農産物の輸入禁止などに直面して厳しい経営環境下にあります。

本書で事例を紹介している英国とドイツ及び日本の農業統計を**表1**に示しましたが、ＥＵの農場数、農業従事者数は日本と同様に大きく減少しています。表にはありませんが、同時期にフランスの農場数は

22%、イタリアの農場数は25%も減少しています。その中で農場の平均規模が拡大している点も同じです。英国の統計値の変動率は少ないですが、これは英国の農業はすでに構造改革が進み、平均経営規模も84 haと大きいことが背景にあります。他方、日本との大きな違いは、農用地面積が日本は10年間で13%減少していますが、ヨーロッパ各国ではそれほど減少していません。厳しい経営環境の中で多数の農場が廃業に追い込まれる一方、廃業した農場の農地を組み込んで規模を拡大することに勝算を見いだす経営もあることを示しています。

エネルギーに関して、EUは２０１０年に２０２０年までのエネルギー新戦略「Energy 2020」を発表しました。そこでは、「３つの20」と称される目標が設定されています。

◯温室効果ガス排出削減を２０２０年に１９９０年に比べて20%削減する。
◯最終エネルギー消費に占める再生可能エネルギーの割合を20%にする。
◯エネルギー効率を20%上げる。

農業は、エネルギーの効率的な利用に取り組むとともに、再生可能エネルギーの生産部門としても期待されています。各加盟国は、再生可能エネルギーの固定価格買取制度の導入などを通じて、再生可能エネルギーの割合を増やす努力をしています。EUの最近10年間での再生可能エネルギーの供給量は大幅に増加しており、中でもバイオマスに由来するエネルギーは、再生可能エネルギーの7割を占めています。この中には、木質バイオマスの混焼やバイオガス発電による電力供給、バイオガス発電による地域暖房や木質バイオマスによる暖房などの熱供給などが含まれています。

図１　本書で紹介する英国の３事例の位置

環境については、共通農業政策のうち農業振興政策（いわゆる「第2の柱」）に含まれる農業環境支払いが振興策の柱となっています。特に英国は、農業振興政策の7割以上という高い比率を農業環境支払いに仕向けています。また、直接支払いを受給するためには、農業者は、環境・土壌保全等に関する共通遵守事項（クロスコンプライアンス）を満たす必要があります。さらに、2015年から本格的に実施されている新しい直接支払い制度では、グリーニング支払いという新しい区分が設定され、より環境に傾斜した制度になりました。このように、近年のEUの共通農業政策は、環境に優しい農業への支援を強める方向に向いています。

本書で紹介する先進的な農場は、経営、エネルギー、環境についての持続性を重視した経営を行い、経営全体として成功させています。本書では英国の3農場、ドイツの1農場を取り上げていますが、これら農場は、生産技術向上や販路開拓などによる経営の改善、エネルギーの自給・節約などの取組、生物生息地の維持などの環境保全への取組を、農場の持つ資源を上手く活用しながら組み合わせています。経営者は、こうした経営に取り組むための革新的マインドを持ち、政策からの支援も上手に活用しつつ経営に取り組んでいます。

経営を発展させるのに、単純に規模を拡大するという選択肢をとらず、「持続性」を追求するこれら農場の取組は、日本の農業経営の発展の方向を考える上での参考になると思います。

※ポンドおよびユーロと円の換算レートは、近年大きく変動していますが、本書では、ポンドやユーロを円に換算する時には2014年時のレートである1ポンド＝170円、1ユーロ＝140円で計算しています。

第1章　農業とは本来多様なもの：チーズ加工に取り組む英国の酪農家

本章で紹介するサイモン・ジョーンズさんの農場は英国中東部のリンカーン州にあります。農場のあるリンカーン州の北部は穀物農業地帯であり、中には数1000haという規模を持つ農場もあります。その中で、サイモンさんの320haの農場はこの一帯では唯一の酪農経営です。飼育する搾乳牛は250頭です。有機農業に近い方法で生産した生乳を高級チーズに加工し直売することで経営を成功させ、さらにエネルギーの生産・利用にも取り組んでいます。農業は多様であるべきと主張するサイモンさんの農場を紹介しましょう。

1　最高級のチーズを目指して

農場のある英国リンカーン州は、気候が乾燥している

サイモン・ジョーンズさんと筆者

こともあって、酪農はほとんど行われていません。昔はこの辺りの多くの農家は肉牛や羊を飼っていましたが、そのような畜産を組み合わせた経営は重労働の上に儲からないので、50年前にはこの地域から家畜の姿は消え、今では英国有数の穀倉地帯になっています。サイモン・ジョーンズさん（49歳）はこの地で弟のティムさんと酪農を営んでいますが、酪農を最初に始めたのは彼らの父親でした。輪作の一環として作っていた牧草の活用方法として、さらには家畜堆肥を得るために、1970年代に乳牛を飼い始めました。当時周囲から、「こんなところで乳牛は飼えないぞ」と言われたそうです。

サイモンさんは、今から22年前の1992年に父親の経営する農場に就農しました。当時はまだ生乳価格もそれほど低くなく、父親は当時存在したミルク・マーケティング・ボードに生乳を売るという経営を行っていました。サイモンさんは、就農するからには新たに何か始

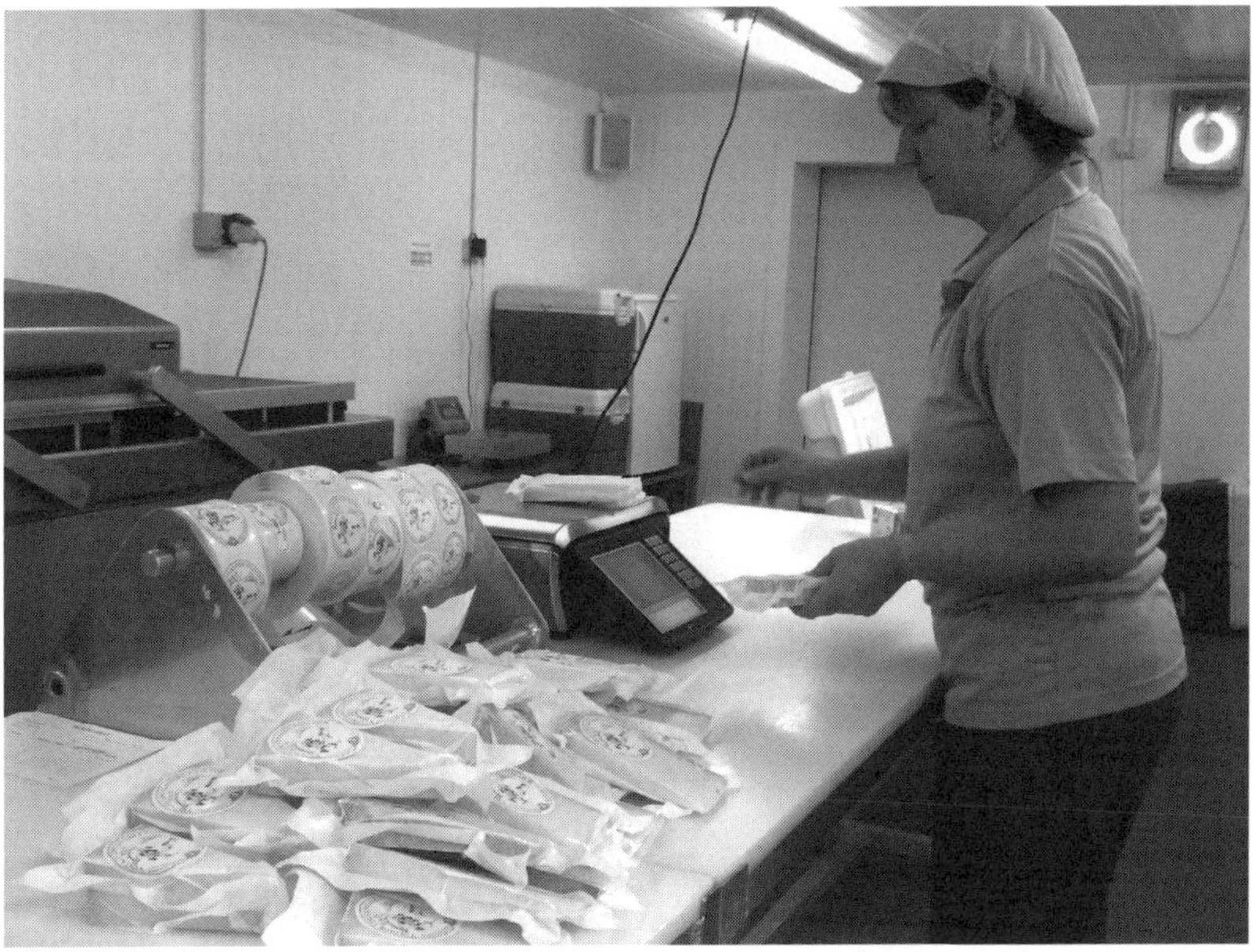

ファーマーズ・マーケット用にチーズをカット、包装し、ラベルを貼る

めたいと思い、チーズ作りを思いついたそうです。まずはチェシャー州の農業短期大学の2週間のチーズのコースに参加し、チーズ作りの基礎を学びました。その後はチーズの産地を訪れたり、専門家のアドバイスを受けるなどしてチーズ作りを学び、１９９６年の英国のチーズ品評会で優勝するまでになりました。

　英国にも、チェダーやスティルトンといった世界的に知られているチーズはあります。しかし、もともとチーズの産地ではない地域でのチーズ作りなので、サイモンさんは「最高の品質のチーズ」を昔ながらの製法に基づいて作り、それをブランド化し、ニッチな市場に向けて販売することを目指しました。チーズ品評会での優勝もサイモンさんのチーズのブランド化を助けました。16～17年かけてチーズの販売先を少しずつ拡大し、今では農場で生産される生乳のほとんどをチーズ作りに向けるようになりました。現在、サイモンさんの農場では自分の

冷蔵庫の中で熟成が進むサイモンさんのチーズ

農場で生産された生乳だけを使い、毎年160トンのチーズを作っています。作るチーズはほぼ1種類で、熟成期間の長さによって商品が分かれています。熟成期間は最短の16カ月から長いものは2年以上、冷蔵庫の中で熟成させています。

作られたチーズは、80％はチーズ専門の卸業者、20％はファーマーズ・マーケットで販売されます。卸業者を経由したチーズの多くは、英国の高級スーパーマーケットチェーンであるウエイトローズで売られていますが、日本を含む世界各国にも輸出されているそうです。

一方、残りの20％のチーズは40のファーマーズ・マーケットで販売しています。ファーマーズ・マーケット向けの出荷倉庫には、それぞれのマーケット向けの大型のクールボックスが並び、そこに包装され農場のブランド名のついたシールが貼られたチーズが詰められていきます。農場から車で2時間かかるロンドンでも、6カ所の

40カ所のファーマーズ・マーケットでの販売用に並んだクールボックス

マーケットで月1回ずつ売っています。ロンドンのマーケットは土曜に開設されるのが3カ所、日曜の開設が3カ所であり、農場から3人で出かけ店頭に立つそうです。ロンドンの消費者は価格は高いが高品質なチーズへの需要が高いとサイモンさんは言います。英国のファーマーズ・マーケットはこの20年間で急速に拡大し、英国社会の中に定着してきました。ファーマーズ・マーケットは消費者と直接話す機会が持てるし、中間の流通コストを節約できるのも良いとサイモンさんは考えています。ファーマーズ・マーケット向けの出荷は量的には全体の20％ですが、販売単価が高いので販売額の23％、収益の30％はファーマーズ・マーケット向けから得ているそうです。

2　多様性のある農業をめざして

サイモンさんは、農業も含めて何事も多様性があることが重要だと考えており、世界的に農業が単作経営的になってきてしまっていることに懐疑的です。モンサント社の除草剤ラウンドアップを利用するために作られた遺伝子組み換え作物などは間違っていると主張します。

そういうサイモンさんは、農地では、小麦、マメ、大麦、トウモロコシ、ビートなど作り、酪農に必要な飼料をほとんど自給しています。赤クローバー4年→小麦→マメというように6年程度のサイクルでの輪作を行っています。

サイモンさんの農地では、輪作にクローバーを入れているので化学肥料は不要ですし、農薬も使っておらず、実際にはほとんど「有機」生産と言える方法で飼料を生産しています。このように環境への負荷が少なく生物多様性に富む農場の経営は、サイモンさんが作る高級チーズを買う消費者が求める農業の姿でもあります。ちなみに、サイモンさんは以前2年間ほど有機認証を取得しましたが、チーズに「有機」という表示はしなかったし、有機チーズへの取組はその時限りだったそうです。これについてサイモンさんは、「有機」チーズが特段高く売れるわけでもないし、認証取得のための書類手続きが煩雑であるのでやめたのだと言いました。

また、近年、英国の酪農経営は牛を牛舎から出さないようになってきていますが、サイモンさんは逆に牛をできるだけ外に出すようにしています。外で肥料を使っていない牧草を牛に食べさせることで、チーズに草の香りがつくのだそうです。

サイモンさんが農業の持つ多様性を重視するのは、周

サイモンさんは牛をできるだけ外に出すようにしている

囲の農場が穀物のみを作る経営に向かう中で輪作体系を活用し耕畜併せ持つことを選んだ父親から引き継いだものなのかもしれません。サイモンさんの農業生産手法での多様性重視に加え、地域内では唯一の酪農経営だ、というサイモンさんの農場自体が、穀物生産ばかりの地域の農業に多様性を与えています。ちなみにサイモンさんの奥さんのジャネットさんは、馬を8頭飼い、障害者向けに乗馬の機会を提供するボランティア活動を25年間続けています。サイモンさんとも障害者向けの活動で知り合ったそうで、多様性を重視する夫婦の共通の思いが感じられます。

3　エネルギーの自給に向けて

チーズ作りは、製造時に生乳を温めるためと、チーズを熟成させるための冷蔵庫とに多くのエネルギーを使います。多様性を重視するサイモンさんは、このエネルギー

暖房に地熱と薪ストーブを利用した事務所

をできるだけ自給しようと、風力、太陽光、木質ボイラー、地熱という多様な再生可能エネルギーの生産に取り組んでいます。

もとは穀物を入れていた納屋を改装して作った農場の事務所の暖房には、地熱を利用しています。地下1m程度の所にパイプを600m分敷き詰めて水を通しており、その水の温度は16度程度で安定しているため、これを使って暖房をしています。冬はそれに加えて、薪ストーブを使います。

一方、チーズを作る際の加温と家の中の暖房は木質ペレットボイラーを使っています。材料は農場から出た藁を近隣でペレット化したものです。チーズ作りのために必要な75度のお湯を得るため以前は石油を使っていました。木質ペレットボイラーについては、国から熱の供給量に対して助成がなされています。ボイラー設置の費用は自らが負担しましたが、ボイラー本体よりも、配管な

木質ペレットボイラー。配管はサイモンさんが自ら取り付けた

どの費用が高かったそうです。藁を原料にした木質ペレットは灰の出る量が多く、木材から作った木質ペレットの方が取扱いが容易です。しかし、藁であれば自らの農地で1日刈り取るだけで半年分のペレットに必要な量が確保できるのだからと、サイモンさんは藁を使っています。出てきた灰は畑に撒いています。

サイモンさんは、2014年の春に牧草地に風力発電機を一基建てました。サイモンさんによれば、「風力発電機の設置に反対する人も多いが、風力はもっとも安定したエネルギーだ」とのことでした。275kWの発電能力があり、余った電気は電力会社に販売しています。

さらに、畜舎の上に太陽光パネルも設置しており、こちらは50kWの能力を持っています。

このような多様な再生可能エネルギーの活用により、農場のエネルギーの自給率は3分の2程度になっているそうです。サイモンさんに糞尿や農作物を利用したバイ

牧草地の中に立つ風力発電機

オマスエネルギー生産に取り組まないのかと聞いたところ、「電気を作るためにトウモロコシなどの農作物を育てたいとは思わない。家畜糞尿を使うことについては、エネルギー量が低すぎる」と否定的でした。

前年の農場の売上高は約200万ポンド（約3億4000万円）だったそうです。農場では14人を雇用しており、うち2人は牛の管理、3人は農地の管理を行い、あとはチーズの製造や販売を担当しています。近年英国の生乳価格は下落し、多くの酪農経営が苦境に直面している中、サイモンさんは、付加価値の高い加工品を製造し自ら販売することで酪農経営を成功させています。サイモンさんの成功を導いた、有名産地ではないからこその高品質な商品の生産、高級品を売るためのターゲットを絞った販路の選択などは、日本でもそのまま活用できる方法でしょう。

他方、サイモンさんがこだわる多様性は、日本、英国

搾乳場は、40頭が入り20頭が同時に搾乳されるようになっている

を問わず、農家が元来備えているもののはずです。農家は長らく、食料とエネルギーを自給し、環境と共存しつつ営まれてきました。英国のファーマーズ・マーケットはスーパーよりも価格は高いが高品質なものや珍しいものを扱いますが、それを求めてマーケットに来る客は、農業のあり方や環境や再生可能エネルギーへ高い関心を持っています。サイモンさんの取り組む環境と調和した多様な農業、エネルギー自給への取り組みは、「高品質」「環境」「エネルギー」を併せ持つ商品となって、そのような顧客層を惹き付けています。

（ＥＵの農業・農村・環境シリーズ　第34号
２０１４年12月25日掲載）

サイモンさんの自宅の台所からみえるテニスコートとプール

第2章　バイオガス発電に取り組む南ドイツのドレハー農場

２０１１年3月の東日本大震災と福島第一原発事故を機に日本でも再生可能エネルギーへの関心が高まってきましたが、ＥＵは、２０２０年までに「全エネルギーに占める再生可能エネルギーの比率を20％に引き上げる」ことを目標に掲げ、再生可能エネルギーの導入を熱心に進めています。ＥＵの各加盟国は電力・熱・輸送の3部門についてそれぞれの再生可能エネルギー導入目標を達成することが義務づけられています。その背景には、２０５０年までに温室効果ガスの排出を80％～95％削減するというＥＵの目標を達成することと、２００６年のロシア産天然ガスの供給停止を契機としたエネルギー供給への危機感がありました。

この目標に沿って、ＥＵの各加盟国は電気の固定価格買取制度や投資助成、税制優遇などさまざまな推進策を通じて、再生可能エネルギーの供給を増やす努力を続けており、表２にあるように、この10年間で

表２　EU のエネルギー供給構造（最終エネルギー消費）

単位：百万石油トン換算

	2000 年	2010 年
EU のエネルギー総消費量	1,724.9	1,759.0
うち石炭	221.2	189.0
石油	661.2	617.1
ガス	393.9	441.8
原子力	243.8	236.6
再生可能エネルギー	97.0	172.1
水力	30.3	31.5
風力	1.9	12.8
太陽光	0.4	3.7
バイオマス	59.6	118.2
EU のエネルギー自給率（%）	54.7%	47.6%

出所：EU 委員会のウェッブ・サイトより

再生可能エネルギーの供給量は大幅に増加しています。中でもバイオマスに由来するエネルギーは、再生可能エネルギーの7割を占めており、木質バイオマスの混焼やバイオガス発電による電力供給、バイオガス発電による地域暖房や木質バイオマスによる暖房などの熱供給、バイオエタノールやバイオディーゼルなどによる輸送部門でのエネルギー供給と、エネルギーの全部門で活用されています。

中でもドイツは「バイオマス先進国」として知られています。ドイツはEUの中でも最大のエネルギー消費国ですが、2010年には、最終エネルギー消費量の11%が再生可能エネルギー、7.9%がバイオマスエネルギーを使ったものでした。原料に使われているのは、熱としての利用が多い木質系バイオマス、バイオガス発電の原料となる家畜糞尿やサイレージ用トウモロコシ、バイオディーゼルの原料となるナタネなどです。特に2000年に制定された「再生可能エネルギー法」を契機に、バイオマス由来の電力に対する固定価格買取制度や、バイオガスプラント設置に対する金融支援などもあって、ドイツの農業者の多くがエネルギー生産に取り組むようになり、トウモロコシの作付面積も急速に増えています(3)。本章で紹介するのは、ドイツの個々の農業経営での取組の多いメタン発酵を利用したバイオガス発電に取り組む南ドイツのドレハー農場です。

1　ドレハー農場：酪農と発電とグリーンツーリズムと

なだらかな畑や森が北海道を思わせるドイツの南西部のバーデン＝ヴュルテンベルク州の州都シュツットガルトから車で南東に2時間程度行った、小高い丘の上の50軒弱の村に、ドレハー農場はあります。ドレハー家は何代にもわたりこの地で農業を営んできました。現在のドレハー農場は、経営面積は120ha（うち100haは借地）で乳牛120頭を飼っています。経営主のトビアス・ドレハーさんは、10年前にバイオガス発電と太陽光発電を始めました。

酪農はEU全体で厳しい時期が続いており、生産過剰に対する生産枠の設定で生乳生産量は減っているのに、生乳の価格は低迷し続けています。ドイツはEUでも最大の生乳生産国ですが、特にこのバーデン＝ヴュルテンベルク州のような南部地帯は中小規模の酪農経営が多く、酪農の不振の打撃を大きく被っています。ドレハーさんによれば、30年前にはこの村には農家が40軒ありましたが、今では専業で農業を営むのはドレハー農場を含む2軒だけになってしまったそうです。

農業経営として生き残るため、ドレハーさんは経営の多角化を進め、その1つが売電事業、もう1つがグリーンツーリズムでした。

図２　ドレハー農場の位置

2　ドレハー農場のバイオガス発電事業

ドレハー農場では、畜産糞尿やトウモロコシなどを使ったバイオガス発電と畜舎や機械庫の屋根を活用した太陽光発電による売電事業に取り組んでいます。

このうちバイオガス発電は10年前に始めました。当時は周辺に同じようにバイオガス発電に取り組む人がいなかったので、ドレハーさんは、発電設備を販売する2社のサポートを受けつつ、殆ど独学で試行錯誤しながら今の発電施設を作りあげました。当時はバイオガス施設導入への助成もありませんでした。「エンジンを1つ壊したよ」と当時を振り返ってドレハーさんは笑います。

ドレハーさんのバイオガス発電施設は、900㎥、800㎥、239㎥の3つの発酵槽からなり、2回の発酵過程を経て発生したメタンガスでエンジンを回して発電します。この3つのタンクや発電用エンジンなど一連のバイオガス発電施設を作る費用は、10年前の建設当時で100万ユーロ程度（約1億2000万円）でした。発電された電気は、20年間の固定価格買取制度によって、1kWh当たり20セント（約25円）で販売しています。年間

ドレハー農場のバンカーサイロとその向こうに拡がる農地

1万㎥のガスが発生し、発電能力は420kW、年間発電量は350万kWhとなっています。

発酵のための材料は、酪農から発生する糞尿、トウモロコシ・牧草のサイレージで、1日にだいたい20トンを使います。ドレハー農場の発電システムは、発電の材料を自給でき、外部から購入しなくてもよいサイズになっているそうです。

メタン発酵後の消化液は全て自分の農地に播いていきます。良い肥料になっており、また、肥料をほとんど自給することで高価な肥料代を払わずにすんでいるそうです。

このようにドレハー農場では、農地でトウモロコシと牧草を作ります。それを牛に食べさせて糞尿を発電に使うか、あるいは直接作物を発電に使います。さらにメタン発酵の残さである消化液を肥料として農地に散布するというサイクルを、自分の農場の中で完結させています。トウモロコシと牧草から作られたサイレージは、バイオ

ドレハー農場の1次発酵槽

ガス発電と乳牛の飼料の両方に使われています。ドイツではバイオガス発電・売電に取り組む農場が増えていますが、畜産を廃止して発電に特化した農場や、原料となるトウモロコシを購入して自分の農地では使い切れない消化液を他の農場に提供する農場も増えています(4)。それに対し、ドレハー農場は、酪農とバイオマス発電とが農場内でサイクルとして完結しており、経営を安定したものにしています。

バイオガス発電をすると、発電過程で熱が発生します。これをドレハーさんは温水にし、同じ集落の約50戸にエネルギー換算で1kWh当たり7セントという価格で提供しています。集落内の配管を通じて提供される温水は、配給先の家庭の暖房などに使われています。この取組もあって、この村は、集落内の電気と熱エネルギーを集落内のバイオマスエネルギーで賄うバイオエネルギー村に認定されています(5)。

畜舎の上に並ぶ太陽光発電パネル。SANYO製

3　ドレハー農場の太陽光発電

ドレハーさんは2002年に、畜舎や納屋の屋根を利用して全体で300kWの発電能力を持つ太陽光発電の設備を設置しました。太陽光発電については20年間の固定価格買取価格が1kWh当たり約50セント（約60円）となっており、設備の設置費用は10年で回収できたそうです。

4　グリーンツーリズムへの取組

ドレハー農場の経営多角化のもう1つは、農場の建物を活用したグリーンツーリズムです。古い納屋を改築して、長期休暇用の部屋やレストラン、ショップにし、他にも敷地内に休暇用の家を4～5軒建て、夏場の長期滞在客を受け入れています。ドレハーさんの母親が、手作りのパスタやジャムを作ってショップで販売したり、宿泊客や農場に遊びに来る客に食事を提供したりしていま

古い納屋を改造して、宿泊施設やショップにしている

す。この休暇用の部屋や建物は、シーズンオフには近年増えてきている建設業などに携わる東欧からの季節労働者の宿舎として貸し出されているそうです。

5 ドレハー農場の酪農部門と経営多角化の成果

ドレハー農場では、約120頭いる搾乳牛から、年間約120万ℓ生産される生乳を、販売単価1ℓ当たり35セント（約45円）で売っています。畜舎は40年前に建てたものですが、自動搾乳ロボットを2台、自動給餌機を1台設置しており、農場に投入される労働力はドレハーさんと、農業就農希望の研修生3人だけです。

ドレハーさんに、酪農と発電事業とどちらの収益が大きいか、と尋ねたら、「もちろん発電事業だ」という答えが返ってきました。

おおまかに見積もって、酪農部門の生乳の売上高は年間約5500万円になります。これに対し、バイオガス発電の売上高は8000～9000万円、太陽光発電による売上高は1000～2000万円程度と見込まれ、ドレハーさんの回答を裏付けています。

ドレハー農場を訪れた時、夏休みを利用して農場に滞在中の夫婦と7～8歳の女の子という3人家族が、私達と一緒に回って農場について色々と説明してくれました。この家族は、娘が生まれて以来、毎年夏休みの数週間をここで過ごしているとのことでした。農場内には、鶏やヤギに触れられるコーナーや遊具があるほか、酪農やエネルギー生産についての説明が方々に掲示され、家族が滞在しながら農場を楽しみ、農場を知ることができるようになっています。その一家は親族がやはり酪農を営んでいるそうで、「この農場は新しい農業をしている、私の親族のは古い農業だ」と説明してくれました。

ドレハー農場は、農業のみの収入では経営が厳しくなる所を、エネルギー生産やグリーンツーリズムを取り込み、しかも、それを大幅に雇用を増やすことをせず、自らの農場内で発電の原料調達と消化液の利用が完結するシステムを構築することで、持続的な農場の経営を作り上げているのです。

6　ドイツでのバイオマス発電の取組をみて

ドイツの農業統計によると、2010年において農場全体のうち農産物生産以外の事業を行っている農場の比率は30・8％で、中でも再生可能エネルギーの生産に取り組む農場の比率は12・5％で最大のカテゴリーとなっています(6)。ドレハー農場のあるバーデン＝ヴュルテンベルク州をみれば、再生可能エネルギーの生産に取り組む農場の比率は23・9％であり、約4分の1の農場が取り組んでいることになります。ドイツの再生可能エネルギーに取り組む農場数の65％は、バーデン＝ヴュルテンベルク州と隣のバイエルン州のドイツ南部2州に存在しており、ドイツではエネルギー生産が、農場の新たな収入源として、特に南部の地域で定着しているといえます。

バイオマス発電の普及に伴い、その原料となるトウモロコシの栽培面積が拡大しており、その地域での借地料の増大を招いているそうです。食料・飼料生産とエネルギーとの競合や、休耕地や草地がトウモロコシ畑に転用されることによる環境価値の低減なども懸念されています。このため、バイオガス発電の原料を廃棄物と余剰物の制限するように政策が転換され、２０１４年の「再生可能エネルギー法」の改正によって、「小規模な家畜糞尿やバイオ廃棄物を原料とするバイオガス発電施設の建設にはストップはかけないもののエネルギー作物の奨励は廃止する」[7]ということになりました。

ドイツの農場数は２０００年から２０１０年の間に25％減っているなど農業の経営環境が厳しい中、ドイツ南部の酪農経営のような中小家族農業経営にとって、エネルギー生産は生き残るための有望な選択肢です。20年間の電力の固定価格買取制度や、ＥＵの長期的なエネルギー戦略は、当面の安定的な経営を保証してくれています。電力の固定価格買取制度といった支援策のみならず、官民をあげた試験研究・技術開発などが併行して、農業者のバイオマスエネルギー生産を支えています。

ドレハー農場の畜舎の内部

地域農業の視点からみれば、バイオガス発電の収入が得られるから、耕作放棄地の問題なども発生せず、農地が活用されているという側面もあると思います。バイオガス発電で発生する消化液の活用は、肥料の節減につながります。ドレハー農場のように、地域内のエネルギー自給体制構築への貢献という役割も期待することができます。農業生産システムの中にエネルギー生産を取り入れることは、耕作放棄地も含めて地域の農業資源を活かすことにつながり、日本の農業にとり参考となる選択肢ではないでしょうか。

第3章　科学的で持続的な農業を目指して：元ロンドンのシティ金融マンの農業経営

1　バーチさんの農場の概要

グレアム・バーチさんは、英国イングランド南西部のドーセット州で、2つの農場、計850haを営んでいます。以前は、ロンドンの金融街である「シティ」の金融投資企業で資源投資の仕事をしていましたが、2007年、2009年にそれぞれの農場を購入し農業経営を始めました。2014年からは、古い馬舎を改築して宿泊施設を作りその経営も行っています。バーチさんの農場は環境保全に取り組みつつ経営的にも成功しており、すでに複数の受賞歴を持っています。

2つの農場のうち1つは酪農（乳牛300頭）と飼料穀物（牧草とトウモロコシ）を主体とする300haの農場で、もう1つは穀物（小麦、大麦、ナタネ、オート麦）を主体とし、傾斜地などで羊（400頭）を飼う550haの農場です。実際の農作業の管理はファーム・マネージャーが行い、マネージャーも含め9名を雇用しています。

数百ha規模の農場をポンポン買ってしまうこと自体が、まず日本人の想像を絶することです。どうやって農場を探すのか、と聞いたら、このような物件はオープンに市場に出回ることは無く、エージェントに頼んで探してもらったとのことでした。ちなみに、新聞記事などから察するに、この地域の農地価格は1ha当たり30～50万円程度のようです。

2　LEAF認証制度に基づいた科学的で経済的な農場管理

農業に新しく取り組むにあたっては、バーチさんは科学的で持続的な経営を行いたいと考えました。そのためにバーチさんが導入している手法が、ＬＥＡＦという農業と環境の両立を目的とする非営利組織が取り組んでいるＩＦＭ（総合的農場管理）という農業管理手法です。このＩＦＭを実施し、監査を通過した農場にはＬＥＡＦから「ＬＥＡＦ認証」が付与されます。

ＩＦＭは次の9つの項目で構成されています。全体的には持続的な農場管理を目的としているのですが、化学肥料や農薬の使用を禁止するものでもなく、生物多様性保全に特化したものでもありません。ＬＥＡＦによれば、総合的で現実的なアプローチなのだそうです。

生物生息地として設置した広大な緩衝帯に立つバーチ夫妻

ＩＦＭの９項目

○組織と計画
○土壌管理と肥沃性
○作物の健全性と防除
○汚染の制御と副産物の管理
○家畜管理
○エネルギーの効率性
○水の管理
○景観と自然の保全
○地域社会への関与

図３　ＩＦＭ９項目の紹介図

ＬＥＡＦ認証の特徴は、この９つの項目について数値目標などを設定しているのではなく、個々の農場がどのようにその項目に取り組むのかに着目して認証していることです。

農業者がそれぞれの項目について、

＊どのような頻度でチェックしているのか、

＊何をチェックしているのか、
＊チェックした成果をどのように活かすのか、
を検査するのです。これは、個々の農場の生産条件や必要な経費、持続的な管理方法を一番知っているのは農業者自身なのだ、という発想からきています。英国全体で約１４００名がＬＥＡＦ認証を取得しています。

バーチさんがＬＥＡＦ認証農家になった理由には、穀物の販売先である「ジョーダン」というシリアル加工会社が、原料を生産する農場にＬＥＡＦ認証をとることを求めたからということもあります。

ＬＥＡＦ認証で求められるＩＦＭの９項目について、具体的にどのような取組をしているのかについて、バーチさんが説明してくれました。
○組織と計画：農作業・会計・顧客対応全てについて緻密な計画をたてます。例えば適期収穫のためにハーベスターを長時間稼動させる時にそれに伴走さ

除去したフリント石。とても堅い石で、建材やクラフト資材として販売する

せるトラクターの配置といった細かい所まで計画をたてておくそうです。

○土壌管理と肥沃性：例えば、機械の重さで圧迫され生産性が低くなっている農地の縁の部分を、一度農地の縁の土壌を持ち上げる行程を入れることで、その場所の生産性を上げます。バーチさんはＧＰＳを使って個々のほ場の土壌分析を細やかに行い、ほ場の中でも栄養素の足りない所に重点的に施肥を行っています。

○作物の健全性と防除：例えばナメクジの防除については、農薬も使いますが、ナメクジの住処となっているフリント石（昔は火打石として用いられていたとても堅い石）を農地から除去することも効果があります。除去したフリント石は販売して、収益を得ています。

○汚染の制御と副産物の管理：農場で使えるものは全

羊は生産性の低い傾斜地などで放牧されている

て使うようにしています。例えば、家畜糞尿やスラリーは全て自分の農場に散布しています。藁も家畜の敷料など極力自分で使い、残れば価格が高ければ売り、安価な時は農地に抄き込んでいるそうです。
○家畜管理：畜産の生産性を上げるために、家畜をストレスの少ない良好な状態に置くことを心がけています。放牧を重視し、生産性の低い傾斜地などでは羊の放牧をしています。
○エネルギーの効率性：酪農で発生する熱の再利用、太陽光発電とそれによる売電などに取り組んでいます。自動点灯・消灯装置や、低エネルギー利用の電球への交換により、電気使用量の節約にも取り組んでいます。
○水の管理：酪農などで水を多く使い、水道代の負担が大きいので、雨水の利用などで節約しています。
○景観と自然の保全：バーチさんの農場は、農業環境支払い制度の中の高度事業に取り組み、年間900万円程度の農業環境支払いを受給しています。幅10ｍもある広大な緩衝帯を設置し、夏場の生物の餌の提供、冬場の餌の提供、野生のランの保全といった目的別に異なる植物の種を播いて管理しています。また、鳥が羽を休めるための6haのプロットを穀物畑の一角に設け、農場内の林地の保全や拡大にも取り組んでいます。
このような取組は、顧客確保にもつながっており、例えば、バーチ農場は、高級スーパーの1つ「マークス・アンド・スペンサー」の40農場しかないプレミアム牛乳生産農場の1つに指定されており、高い価格で生乳を販売することができています。調査時のイングランドの生乳価格は1ℓ当たり約24ペンスでしたが(8)、「マークス・アンド・スペンサー」は動物福祉や環境に配慮しつつ効率的な生産を行うプレミアム生乳生産農場からの生乳に対し1ℓ当たり32・8ペンスを支払っています(9)。また、広い緩衝帯を設置することは、

農道をはさみ右側は鳥の夏場の餌のための広大な緩衝帯。左側は冬の餌の確保のための緩衝帯であり、それぞれ異なる種類の種を播いてある。

こちらは冬の間は裸地で維持している緩衝帯

単に農業環境支払いを需給できるだけではなく、ウサギの食害を減らすなど、農業生産面での効果ももたらしているそうです。バーチさんは、農場の環境保全はビジネスの一貫であると言いました。

○地域社会への関与：バーチさんは毎年6月第1日曜日に全国的に開催されるオープン・ファーム・サンデーの参加農場の1つで、1年おきに参加しています。その日は、子ども連れの家族など訪問者にトラクターやトレーラーでの農場周遊ツアーを行ったり、牛を見せたりします。他にも、ウェッブ・サイトの運営、ニュースレターの発行など、積極的な情報発信を行っています。

バーチさんの農場経営は、GPSでの分析も導入した緻密な農場管理により、投入資材やコストを節減しつつ最大の収益を出そうというものです。小さいことを積み重ねることで、大きな効果を得たいとバーチさんは言いました。今後5年間、毎年1％ずつ生産性を上げることを当面の経営目標としているとのことでした。これによって、年10万ポンド以上の収益向上につながると見込んでいました。このように、緻密で科学的な分析に基づく農場管理で高い生産性をあげるとともに、環境と両立した農場管理を行うことで、「マークス・アンド・スペンサー」や「ジョーダン」などの顧客から高い販売価格を確保していました。

3　滞在型宿泊施設

バーチ農場を訪問した際には、2014年にオープンしたという滞在型宿泊施設に泊まりました。前の持ち主

馬舎を改造した滞在型宿泊施設

居間には薪ストーブが置かれている

が馬舎にしていたという建物を改築し、8グループが泊まれる滞在施設にしました。それぞれ2～3室の寝室にリビング・ダイニング・キッチン、浴室などがつくアパートメントになっています。台所の設備などは高級ブランドのものを使い、また、居間には暖炉があって薪が用意されているなど、おしゃれなしつらえです。それなのに4人が泊まれるアパートメントで1週間に300ポンド（5万1000円）程度と、宿泊施設などに泊まるよりははるかに安く泊まれます。宿泊施設の管理にあたっては、鍵を暗証番号付きのボックスに入れておくなど、極力管理に人手を使わない工夫がなされていました、近隣には美しい丘陵地帯や、古い建物が多く残る農村、さらに30分もかからず海に出られる位置にあり、予約状況は上々とのことでした。

　バーチさんは、農地は科学的に緻密に管理し高い生産性をあげ、周辺は緩衝帯や林地などにして手厚い環境保

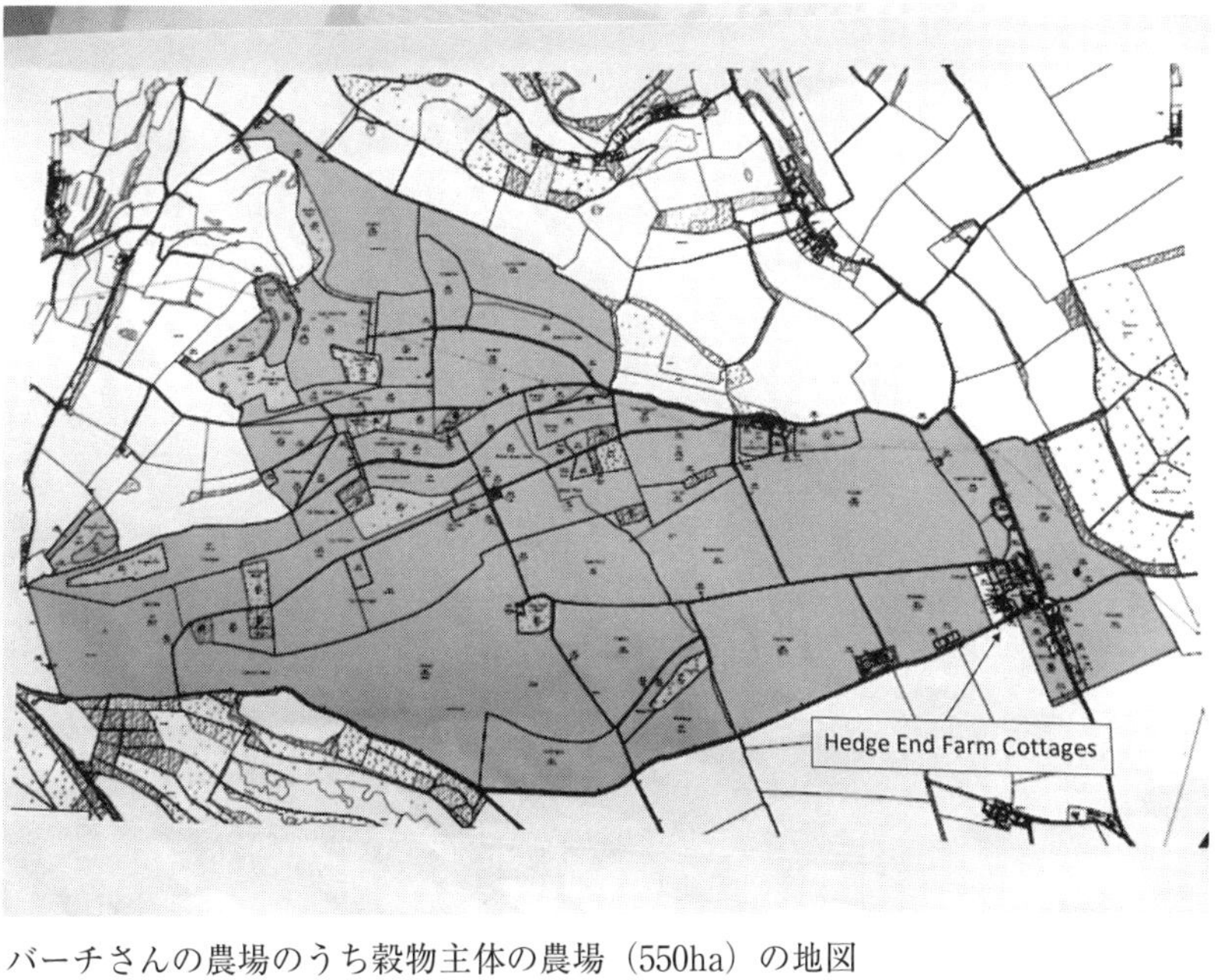

バーチさんの農場のうち穀物主体の農場（550ha）の地図

全対策を行い、さらに宿泊施設を通じて経営の多角化にも取り組んでいます。英国の農場の所得源は「農業生産活動」「農地面積に対するEUからの補助金」「環境関連事業」「多角化事業」の4つの要素に大別されます。このうち支払額があらかじめ決まっている「EUからの補助金」以外の3要素をどのように組み合わせてどのように所得をあげるかが、農場の経営の成否を分けていると言えます。バーチさんの取組は、農業生産、環境、多角化のそれぞれについて細やかに工夫をこらし、さらにそれらを組み合わせることで、経営全体としての成果をあげています。

（EUの農業・農村・環境シリーズ　第38回　2016年2月28日掲載）

第4章　英国の女性農業者：サリー・ジャクソンさんの経営と活動

英国の農場をこれまでいくつも訪れましたが、「女性農業者」に会うのは珍しいことです。多くの農場では農業者というのは男性であり、その妻は農場の会計管理をしたり、農家民宿を切り盛りするなどしており、農業者として私の前に登場することはありません。しかし、近年、英国では、実際に農作業に従事する「女性農業者」が増えているそうです。背景には、「息子が農場を継がなくなった」ことに加え、農業経営の多角化が進み、農産物の加工・販売など女性の活躍できる場面が増えたことがあるそうです。

英国の政府統計によれば、2010年の農場主やその家族といった農業者（雇用されている農業従事者を含まない）のうち男性は11万9000人であるのに対し、女

サリー・ジャクソンさん

性は2万３０００人弱でした。前年に比べ、男性が５０００人減ったのに対し、女性は６０００人の増加でした。２０１３年には女性農業者は2万５０００人となっており確実に増えています。大学や専門大学で農業を専攻する女性の数も２０１５年には男性を上回るようになっています。

サリー・ジャクソンさんは夫のアンドリューさんとともに「ピンク・ピッグ・ファーム」（ピンクの豚の農場という意味）を経営しています。この農場も、「普通」の穀物農場から観光農場に転換することで経営として成功しています。さらに、サリーさんは、２０１６年春までイングランドのファーマーズ・マーケットの民間団体であるＦＡＲＭＡの会長でした。英国の農業専門雑誌「ファーマーズ・ウィークリー」に２０１３年からコラムの連載もしており、まさに、英国における「農業経営の多角化」「都市と農村との連携」「女性農業者」という最先端のトレンドを代表する女性農業者です。

1　ピンク・ピッグ・ファームができるまで

サリー・ジャクソンさんの農場は、英国中東部のリンカーン州の北部にあります。リンカーン州の南部は

ファームショップの入口

土壌が肥沃で野菜や花の生産なども盛んですが、農場のある州の北部は穀物生産が主体です。

ジャクソン家はこの地で85年間農業を営んできました。麦、大麦、てんさい、ソルガム、豆、ニンジンなどを作るこの地域の「普通の」穀物農場でした。しかし、約15年前に、農産物の直売や加工、レストランといった農業経営の多角化に踏み出しました。

現在のピンク・ピッグ・ファームは、364haの農地で穀類を生産しつつ、家畜を飼い、ソーセージやベーコンなどの加工を行い、ショップ、レストランを併設し、さらに子供たちが遊べるオープン牧場や遊具施設も備えています。農場を年間12万人が訪れ、その中には食農教育のために団体で訪れる小中学生なども含まれます。サリーさんは主にレストランとショップを経営し、アンドリューさんは主に農場の経営をしています。農場全体で38人を雇用していますが、そのうち農業生産に携わるの

広々とした観光牧場

は1~2人で、殆どは加工や販売に従事しています。

単に観光農場を経営するだけではありません。農場が農業環境支払いの高度事業の対象となるなど環境に優しい農業を行う一方、2014年にはエネルギー費用の節減と売電収入の確保のために、2000万円以上かけて、農場に400枚近くの太陽光パネルを用いた発電施設を設置したところです。これまでに農場はレストラン、ショップ、加工品、環境保全への取り組みなどに対して様々な賞を受賞しています。

サリーさんとアンドリューさんの夫妻は、穀物農場から観光・エネルギー・環境などを組み合わせた農場にどのように転換してきたのでしょうか。

転機は、ロンドンで開催された農業者向けのワークショップにアンドリューさんが参加したことでした。当時はまだ農産物価格が高く英国の農業経営は特に厳しい状況では無い中、個々の農家は農地の真ん中でポ

鶏の平飼いの光景。その向こうに太陽光発電設備が並ぶ

ツンと孤立して存在し、それぞれが昔ながらのやり方で経営を続けていました。ワークショップではそのような英国の農業の現状を示し、今後、農家が生き残るためには、農地規模を拡大するか、経営を多角化するしかない、という結論を提示したのでした。

このワークショップの内容をジャクソン夫妻は真剣に捉え、どのように自分達の経営を変えていくかについて話し合ったそうです。３６４haという農地面積は、英国の穀物農場としては決して大きいとは言えません。農場としての経営の展開のために最初に取り組んだのが、当時英国で急速に伸びていた有機農業でした。10haの農地を使って有機農業を始め、同時に有機肥料を確保するために豚と鶏を飼い、循環型農業を始めました。有機農産物の販路として、地元の量販店と販売契約を結びました。しかし、量販店との契約は、最初の年は高い価格で契約してくれますが、年毎に提示さ

ショップでは農場で作られた加工品や地元の産品が売られている

れる価格や条件が悪くなります。そこで、量販店での契約対象品の残りを、自分たちで農場に面した道端にテーブルを出して売り始めました。これがジャクソン夫妻による農産物の直売の始まりでした。２年目からは農場内に簡単な小屋を建てて、直売するようになりました。客を呼び込むにはカフェが必要だと思い、小屋に20席ほどの小さなティールームを併設しました。やがて取引価格が低い量販店への販売はやめ、農場のショップだけで販売するようになりました。２００５年にはピンク・ピッグという名前を農場につけ、多額の投資を行ってショップと90名が座れるレストランを整えました。

　しかし、２００９年のリーマンショックを契機に英国経済は悪化し、有機農産物の売り上げが悪化する一方、有機飼料代は上昇しました。有機農業の認証をとるための書類作成などの手間も負担でした。そこでビ

ショップで売られている加工品

ジネスアドバイザーに依頼し農場の事業転換を図ることにしました。その結果有機農業をあきらめ、2010年からはフリーレンジ（鶏の平飼いや豚の放牧による飼養）の取り組みに変更し、現在に至っています。農場のコンセプトを「有機」から「フリーレンジ」「自家製」「楽しむ所」に転換することで、農場は大きく飛躍したのです。

2　ピンク・ピッグ・ファームの現在

現在のピンク・ピッグ・ファームは、364haの農地で引き続き小麦、大麦、ナタネ、ニンジンなどを生産しており、これは生協などに販売されます。また、300羽の鶏を平飼いし、豚や羊も放牧していますが、これは観光農場の一部となっています。この農業生産部門は、夫のアンドリューさんが、生産担当マネージャーとともに管理しています。農業環境支払いの条

ショップの外にしつらえてある野菜の直売コーナー

件に即した農場の管理や太陽光発電事業も、アンドリューさんの担当です。

一方、サリーさんは観光農場、加工、直売を担当しています。ピンク・ピッグ・ファームには、ショップ、レストラン、牧場や屋外の遊び場などがある観光牧場、最近作った小さな子供向けの屋内施設などがあり、食品加工施設や調理施設も付随しています。

ショップで売られているものの70％は自家製です。農場で飼養する家畜からの卵、豚肉や羊肉を売り、また農場にはソーセージやベーコンなどの加工場があります。ショップで販売されるマフィンやクッキーなどは、農場内のベーカリー専用のキッチンで焼いています。さらに、地元の野菜や果物、畜産物なども買い取り、ショップで売っています。第1章で紹介したサイモン・ジョーンズさんの作るチーズも売られていました。

レストランの様子

ショップとレストランはクリスマスの数日間を除き営業しており、平日は9時半から4時半、休日は10時～4時が営業時間となっています。レストランは農場で作った食材をふんだんに使った朝食、昼食、アフタヌーンティーを提供しています。

観光牧場は、家畜の飼育場や遊び場が広がり、トラクターに乗ったりもできます。さらに、最新の子供向けの屋内施設は、大きな納屋の中にカフェ、遊具などが配置されています。牧草の山に思いっきり飛び込めるコーナーは、子供達の人気が高いそうです。

ピンク・ピッグ・ファームでは、学校の農業体験として、年間1000人程度の子供達を受け入れています。対象となるのは、7～13歳程度の小中学生です。英国では1990年代に、子供たちが食べ物の本来の味や形、自分たちの食べている肉や野菜がどこから来るかを知らないという問題が顕在化し、学校で農場訪

農場で生産される農産物をふんだんに使ったランチセット

問をカリキュラムの中に盛り込むようになりました。現在では、学校の農場訪問の普及により、ニンジンの形を知らない、トマトを丸のまま食べたことがないといった子供たちは少なくなったそうです。

また、英国では、年に1度農場を一般市民に開放する「オープン・ファーム・サンデー」という日があります。LEAFという農業に関する慈善団体が2006年以降毎年6月に開催しており、2014年には375の農場が公開され、20万人以上がそれらの農場を訪れました。食品関連企業（小売業、食品製造業など）も資金提供や人員の応援などで支援を行っており、その規模は年々拡大しています。ピンク・ピッグ・ファームも公開対象農場として参加し、多くの訪問者を受け入れています。

このような農業を見せる努力の成果として、サリーさんは、「1990年代までは、農業者とは環境によ

観光牧場にはそれぞれの家畜についての子供向けの説明板が設置されている

くないやり方で生産をしている良くない人たち、と見られていました。でも現在では、環境に良い生産をし、かつ食物を提供するヒーローとして見られるようになりました」と説明してくれました。

サリーさんは、「地元」にこだわります。地元の食べ物の販路を提供し、地元の人に雇用機会を提供する農場でありたいと言います。地元の人がお茶を飲める場所の提供、地元のお母さんが子供達を連れて来ることができる場所の提供、が観光農場の考え方です。「地域外からの観光客を呼び込み、お金を落としてもらう」という発想ではないし、そもそも、リンカーン州は英国の中でもあまり観光客が訪れない場所です。中でもピンク・ピッグ・ファームは大きな都市から離れた場所にあります。それでも農場経営の多角化の成功事例として英国で様々に取り上げられるまでになったピンク・ピッグ・ファームですが、その成功の土台となっ

子供が牧草で遊ぶためのコーナー

ているのは「自分達の農場をこれからどのように変えていこうか」と考えつづけるマインドと、「地元の中で人やモノが行き交う場所の提供」にこだわった農場の展開なのだろうと思います。

ピンクピッグファームのロゴ入りのカップ

おわりに　ヨーロッパと日本：持続的な農業をめざして

本書で紹介した4つの農場は、農業経営、環境、エネルギーでの「持続性」を重視し、それらの取組を農場内で組み合わせた経営を行っています。このような経営を行うにあたっては、現在の農場主がそれ以前の経営内容を大きく変換しています。第1章のサイモンさんによるチーズ加工の開始、第2章のドレハーさんによるエネルギー生産への取組、第3章のバーチさんによるIFM（総合的農場管理）や環境保全への取組、第4章のサリーさんの観光農場への転換、などです。なお、農業環境支払いや経営多角化支援などの農業構造分野への助成、再生可能エネルギーの固定価格制度などはEU各国で制度の中身や単価が異なります。英国では農業環境支払いが手厚く、ドイツは再生可能エネルギー導入の先進国であることが、それぞれの経営の選択肢の背景となっています。また、どの農場も労働力を雇用していますが、ヨーロッパの農業部門で急速に浸透している外国人労働力に頼っていない、という共通点も持っています。

このうち「農業経営の持続性」をみれば、農業生産の効率化・低コスト化を図った上で、販売単価をあげる工夫が行われています。生産については、緻密農業の技術も導入した生産性向上（3章）、ロボットを活用した少ない労働力での生産（2章）、消化液の活用による投入肥料の節減（2章）、飼料の自給体制の構築（1章）、販売については、環境保全と組み合わせた有利な販売（3章）、チーズに加工し高級市場向けの販売（1章）、自ら加工・レストラン・直売所を経営（4章）などです。

「環境の持続性」については、有機農業的な生産（1章）、緩衝帯の設置や生物生息地の保全など農業環境支払い事業への取組（3章、4章）に取り組んでいます。

「エネルギーの持続性」については、「太陽光発電」（1、2、4章）、バイオガス発電（2章）、藁・地熱・風力の利用（1章）などに取り組んでいます。

本書で紹介した農場は、これらの持続性への取組を組み合わせ、人件費などをあまりかけない工夫をしつつ、農場の経営全体を効率的に行っていました。1章のサイモンさん、2章のドレハーさんともに、それによって肥料・飼料・エネルギーが自給できるような経営を作り上げています。グリーン・ツーリズム（2章・3章）、観光農場（4章）などの経営の多角化の取組がそれを補填しています。

オランダの温室。この8haの温室では黄色いパプリカだけを生産している

さらに、彼らの取組は農場を超えた部分にも及んでいます。集落全体の再生可能エネルギーへの取組への貢献（2章）、地域の産品の販路や居場所の提供（4章）、農場の公開プロジェクトへの参加（3章、4章）などです。

他方、本書で紹介した経営のやり方とは異なる選択肢として、作目を絞り規模を拡大することで競争力をつけるという方法もあります。この代表例は、日本でもヨーロッパの先進的農業の事例としてよく取り上げられるオランダの大型温室経営でしょう(10)。

オランダの大型温室経営では、作目が絞り込まれており、例えば8haの温室経営で黄色のパプリカだけを生産するような経営を行うことで、極力規模の経済を発揮しようとしています。オランダの温室園芸は、ドイツ・イギリスなどの大市場に近いという地の利を活かして輸出向けに発展しており、現在生産物の80％は輸出に向けられています。それを支えるのは、1960年代から生産されるようになった天然ガスと、大量の東欧諸国からの労働力です。また、研究機関・国・農業者組合が連携し、生産性を高め環境負荷を抑えるための技術開発、効率的な流通システムの構築を行い、温室経営部門を支えています。オランダはほぼ九州と同じ国土面積を持つ小国でありながら、その農産物輸出実績は世界第2位をほこっています。

オランダ・ロッテルダム市の北東15km程の干拓地に2000年頃にできた新しい大規模温室地帯であるブレイスウェイクを訪れると、巨大温室が一帯を埋め尽くしており、息を飲むような光景です。どの農場も、道路に面した正面に巨大な調製・出荷施設の入ったおしゃれで巨大な建物を備え、その後ろに背の高い巨大な温室が広がっています。

しかし、オランダの温室経営の実態は厳しく、部門の収益率はマイナスが続いています。温室農家の破産も多く、温室園芸経営数はこの10年間で6600から3300へと半減しています。この背景には、リーマンショックに端を発する経済危機に加え、他産地との競争激化による生産過剰があります。近年、トルコ、スペイン、モロッコ等での温室園芸が伸びてきており、これら産地での収穫期間の拡大が、オランダの温室園芸への打撃となっています。また、オランダの温室更新時に古い温室は東ヨーロッパに販売されることが多いのですが、今度はその東ヨーロッパもライバル産地として台頭しつつあるそうです。しかし、経営的に苦しくても、投資をしないでいると、技術的に遅れをとってしまいます。温室の耐用年数は通常は12～15年であり、10 haの温室であれば15～30億円程度かかることになります。経営が成り立つために必要な温室面積は8 haだそうです(11)。ワーゲニンゲン大学の統計データによれば、現在8 ha以上の規模がある温室経営は全体の10～15％程度と推計されます。オランダの温室経営は今後さらに厳しい淘汰が進むことが予想されます。

他の経営や他の産地との競争に生き残るために、エネルギーや外国人労働力を多用し、巨大投資を繰り返しつつ経営を拡大していくオランダの温室農業と、本書で紹介した経営・環境・エネルギーの持続性を目指し、地域にも貢献するような農業。これらを比較した時、もともと多様な農業が存在しており、しかも資源の限られている中での日本の農業が目指すべきなのは、後者の経営・環境・エネルギーの持続性を目指す農業ではないでしょうか。第1章で紹介した英国のサイモンさんは、農業は本来多様であるべきもの、と語っていました。日本の農業も次世代に多様な農業、環境、エネルギーを引き継ぐ役割を持っていると思います。

このような視点で、日本の農業経営をみると、農業経営の持続を図るための加工や直売への取組、新たな販路の開拓などの取組については、日本の多くの農家が取り組むようになってきています。しかし、日本では農業活動を通じた環境の持続性、エネルギーの持続性（自給）については、まだ十分に取り組まれているとは言えないと思います(12)。有機農業や農業による再生エネルギーの生産・活用などは、農家あるいは地域としてもっと取組を増やす余地があるでしょう。日本の農家・地域が今後環境、エネルギーに取り組むためには、それを可能とするような技術の開発やEUのような政策面での方向性の明示や公的支援が必要でしょうし、何よりも、消費者・国民が農業による環境やエネルギーへの取組を評価・後押しすることが必要です。英国では、ここ10年程続いている農場公開の取組にバーチさん（3章）、サリーさん（4章）が参加していました。日本でも、「田園回帰」が始まりつつある今、多くの人に農業の多様な役割と取組を知ってもらいそれを支援するような機会を増やす必要があると思います。

注

（1）西尾健・和泉真理・野村久子・平井一男・矢部光保『英国の農業環境政策と生物多様性』筑波書房、2013年
（2）村田武『現代ドイツの家族農業経営』筑波書房、2016年
（3）村田武『現代ドイツの家族農業経営』筑波書房、2016年
（4）和泉真理「バイオマス発電に取り組む南ドイツの3軒の農家」『JC総研レポート2014年夏号』2014年

（５）このバイオガス村の取組の詳細については以下のサイトを参照されたい。http://www.wege-zum-bioenergiedorf.de/index.php?id=2117&GID=0&KID=24&firma=44（２０１６年８月29日時点）
（６）ＥＵ委員会 Eurostat「Farm Structure in Germany 2010」
（７）村田武『現代ドイツの家族農業経営』筑波書房、２０１６年
（８）Defra（英国環境食料地域省）による２０１５年６月の公表値（リットル当たり23・66ペンス）。
（９）マークス・アンド・スペンサーのウェッブサイトの２０１５年９月10日付けのブログから。
（10）和泉真理「オランダの先進的温室経営の現場から」『ＪＣ総研レポート２０１３年冬号』２０１３年
（11）ワーゲニンゲン大学のMarc Ruijs博士（農業経営学）からの聞き取り。和泉真理「オランダの先進的温室経営の現場から」『ＪＣ総研レポート２０１３年冬号』２０１３年より。
（12）日本の農業でのエネルギーへの取組事例については、例えば榊田みどり・和泉真理「再生可能エネルギー 農村における生産・活用の可能性をさぐる」『ＪＣ総研ブックレット No.２』２０１４年を参照されたい。

【著者略歴】

村田 武 ［むらた たけし］巻頭言

〔略歴〕

九州大学名誉教授・愛媛大学アカデミックアドバイザー。1942年、福岡県生まれ。京都大学大学院経済学研究科博士課程中退・北海道大学大学院農学院博士後期課程修了。京都大学博士（経済学）・北海道大学博士（農学）

〔主要著書〕

『愛媛発・農林漁業と地域の再生』筑波書房（2014年）編著、『日本農業の危機と再生・地域再生の希望は食とエネルギーの産直に』かもがわ出版（2015年）、『現代ドイツの家族農業経営』筑波書房（2016年）

和泉 真理 ［いずみ まり］

〔略歴〕

一般社団法人JC総研客員研究員。1960年、東京都生まれ。

東北大学農学部卒業。英国オックスフォード大学修士課程修了。農林水産省勤務をへて現職。

〔主要著書〕

『食料消費の変動分析』農山漁村文化協会（2010年）共著、『農業の新人革命』農山漁村文化協会（2012年）共著、『英国の農業環境政策と生物多様性』筑波書房（2013年）共著。

JC総研ブックレット No.17

ヨーロッパの先進農業経営

経営・環境・エネルギーの持続性に挑む

2016年12月1日　第1版第1刷発行

著　者 ◆ 和泉 真理
監修者 ◆ 村田 武
発行人 ◆ 鶴見 治彦
発行所 ◆ 筑波書房
東京都新宿区神楽坂2-19 銀鈴会館 〒162-0825
☎03-3267-8599
郵便振替 00150-3-39715
http://www.tsukuba-shobo.co.jp

定価は表紙に表示してあります。
印刷・製本＝平河工業社
ISBN978-4-8119-0497-9　C0036

「JC総研ブックレット」刊行のことば

筑波書房は、人類が遺した文化を、出版という活動を通して後世に伝え、人類がそれを享受することを願って活動しております。1979年4月の創立以来、このような信条のもとに食料、環境、生活など農業にかかわる書籍の出版に心がけて参りました。

20世紀は、戦争や恐慌など不幸な事態が繰り返されましたが、60億人を超える世界の人々のうち8億人以上が、飢餓の状況におかれていることも人類の課題となっています。筑波書房はこうした課題に正面から立ち向います。

グローバル化する現代社会は、強者と弱者の格差がいっそう拡大し、不平等をさらに広めています。食料、農業、そして地域の問題も容易に解決できないことが山積みです。そうした意味から弊社は、従来の農業書を中心としながらも、さらに生活文化の発展に欠かせない諸問題をブックレットというかたちで、わかりやすく、読者が手にとりやすい価格で刊行することと致しました。

この「JC総研ブックレットシリーズ」もその一環として、位置づけるものです。

課題解決をめざし、本シリーズが永きにわたり続くよう、読者、筆者、関係者のご理解とご支援を心からお願い申し上げます。

2014年2月

筑波書房

JC総研［JC そうけん］

JC（Japan-Cooperative の略）総研は、JA グループを中心に4つの研究機関が統合したシンクタンク（2013 年 4 月「社団法人 JC 総研」から「一般社団法人 JC 総研」へ移行）。JA 団体の他、漁協・森林組合・生協など協同組合が主要な構成員。

（URL：http://www.jc-so-ken.or.jp）